U0197956

主　编

宗树斌

主　审

王永平

副主编

顾立新　刘春风

参　编

陈少卿　刘国华　任焕焕

江苏高等职业教育产教深度融合实训平台
——"植物种苗工厂化繁育实训平台"植物资源库建设成果

常见花卉
识别手册

CHANGJIAN HUAHUI SHIBIE SHOUCE

江苏大学出版社
JIANGSU UNIVERSITY PRESS

镇 江

内容提要

本书以江苏农林职业技术学院风景园林系实训基地花卉资源库收集的花卉为主，通过拍摄现场图片，编辑制作图片档案，配上简练的文字介绍和该花卉的信息资源二维码图标以帮助读者提高识别花卉的技能。花卉种类按照汉语拼音顺序排列便于查找，图片制作力求精美，二维码信息资源丰富，是一本精美、简便、实用的花卉识别工具书，可作"花卉学""花卉栽培学"及"花卉识别"等课程的参考用书，也可用于花卉识别实践教学指导书，以及园林技术、园林花卉行业相关培训的指导用书。

图书在版编目(CIP)数据

常见花卉识别手册 / 宗树斌主编. —镇江：江苏
大学出版社，2017.12
  ISBN 978-7-5684-0727-4

  Ⅰ.①常… Ⅱ.①宗… Ⅲ.①花卉－识别－手册
Ⅳ.①S68-62

中国版本图书馆 CIP 数据核字(2017)第 316398 号

常见花卉识别手册

主　　编/宗树斌
责任编辑/杨海濒
出版发行/江苏大学出版社
地　　址/江苏省镇江市梦溪园巷 30 号(邮编：212003)
电　　话/0511-84446464(传真)
网　　址/http://press.ujs.edu.cn
排　　版/镇江文苑制版印刷有限责任公司
印　　刷/南京艺中印务有限公司
开　　本/889 mm×1 194 mm　1/24
印　　张/7.5
字　　数/220 千字
版　　次/2017 年 12 月第 1 版　2017 年 12 月第 1 次印刷
书　　号/ISBN 978-7-5684-0727-4
定　　价/58.00 元

如有印装质量问题请与本社营销部联系(电话：0511-84440882)

前　言

　　江苏农林职业技术学院是一所以涉农专业为特色的多学科、综合型国家示范高等职业技术学院，先后建成了 7 个国家重点专业，7 个省品牌特色专业，18 个省重点专业（群），主持建设 2 个国家级专业教学资源库。其中由风景园林系牵头，联合国内 15 所同类高职院校、12 家园林和 IT 企业建设的园林技术专业国家教学资源库顺利通过验收。2015 年该专业又获得江苏省品牌专业一期 A 类建设项目。

　　"花卉学""花卉栽培学"及"花卉识别"等课程是园林技术专业的基础专业课程，也是园林专业核心课程。风景园林系历来十分重视园林花卉专业课程的教学与实践，实训基地更是搜集引进了大量的园林花卉种质资源，建立了花卉种质资源库，并利用现代信息手段对搜集的各种花卉资源建立了数字化的信息档案，生成了二维码信息资源库。

　　为了更好地利用这一花卉资源信息库，辅助于园林花卉相关课程的教学与实践，特别是辅助花卉识别的课程教学，编者组织编写了该《常见花卉识别手册》。本书以实训基地花卉资源库收集的花卉为主，通过拍摄现场图片，编辑制作图片档案，配上简练的文字介绍和该花卉的信息资源二维码图标。全书花卉种类按照汉语拼音顺序排列便于查找，图片制作力求精美，二维码信息资源丰富，是一本简便、实用的花卉识别工具书，可作为"花卉学""花卉栽培学"及"花卉识别"等课程的参考用书，也可用于花卉识别实践教学指导书，以及作为园林技术、园林花卉行业相关培训的指导用书，为江苏高等职业教育产教深度融合实训平台——"植物种苗工厂化繁育实训平台"项目实训资源"植物资源图库"建设的重要内容。

全书由宗树斌担任主编，顾立新、刘春风担任副主编，陈少卿、刘国华、任焕焕等参与编写制作，王永平对全书进行了审定。

由于编写人员水平有限，书中难免有错误和疏漏之处，敬请各位专家和读者批评指正。

编　者

2017 年 10 月于句容

白雪花

（*Plumbago plumbaginoides*）

白雪花，别名白缎带花、雪珠花、蕾丝花，白花丹科白花丹属。

白雪姬

（*Tradescantia sillamontana*）

　　白雪姬，鸭跖草科鸭跖草属多年生肉质草本植物。植株丛生，茎直立或稍匍匐，短粗的肉质茎硬而直，被有浓密的白色长毛。喜温暖、湿润的环境和充足而柔和的阳光，耐半阴和干旱，不耐寒，忌烈日曝晒和盆土积水。原产中南美洲的危地马拉、伯利兹、墨西哥等国。

百日草

(*Zinnia elegans Jacq.*)

　　百日草，菊科百日菊属。夏秋开花，头状花序单生枝顶，花径约 10 cm，花瓣颜色多样，花期长，花型变化多端，基本上都是重瓣种。

宝华玉兰

（*Magnolia zenii Cheng*）

宝华玉兰，木兰科木兰属，为中国的特有植物。分布于江苏等地，多生长于海拔 220 米左右的丘陵地，图式标本采自宝华山。

北 美 冬 青
（ *Ilex verticillata* ）

北美冬青，又名轮生冬青、美洲冬青，为冬青科冬青属多年生灌木。原产美国东北部，多生长在沼泽、潮湿灌木区和池塘边。

变叶木

（*Codiaeum variegatum*（*L.*）*A. Juss.*）

　　变叶木，亦称变色月桂，别名洒金榕，大戟科变叶木属灌木或小乔木。

滨 柃

（*Eurya emarginata*（*Thunb.*）*Makino*）

　　滨柃，山茶科柃木属植物，产于中国浙江沿海、福建沿海及台湾等地，朝鲜、日本也有分布。

薄 荷

（*Mentha plocalyx*）

薄荷，唇形科薄荷属。又称鱼香菜、狗肉香、水益母、接骨草、土薄荷、仁丹草、野仁丹草、见肿消、苏薄荷、蕃荷菜，在广西全州石塘镇一带也被称为"五香"。

波 斯 菊

（ *Cosmos bipinnata Cav.* ）

波斯菊，别名大波斯菊、秋英。

彩叶草

(Coleus blumei)

彩叶草，唇形科鞘蕊花属多年生草本植物，观叶类花卉。常用于花坛、会场、剧院布置，也可作为花篮、花束的配叶。

彩叶杞柳

(*Salix integra* "*Hakuro Nishiki*")

彩叶杞柳，杨柳科柳属。小枝淡黄色或淡红色，无毛，有光泽。幼叶发红褐色，成叶上面暗绿色，下面苍白色，中脉褐色，两面无毛，喜光，耐寒，耐湿，生长势强，冬末需强修剪。

常春藤

（*Hedera helix*）

常春藤，又名洋常春藤、长春藤、土鼓藤、木莴、百角蜈蚣。其茎生气根以攀援他物，附于阔叶林中树干上或沟谷阴湿的岩壁上。产于陕西、甘肃及黄河流域以南至华南和西南。

春 羽

（ *Philodenron Selloum Koch* ）

春羽，天南星科林芋属，为多年生常绿草本观叶植物。

丛生福禄考

(*Phlox subulata L.*)

丛生福禄考，花荵科福禄考属，为多年生草本植物。

翠芦莉

（ *Aphelandra Ruellia* ）

翠芦莉，爵床科单药花属。翠芦莉地下根茎蔓延生长，形成交织的水平根茎网，其上生有芽，芽向上长出地上苗，并相应地生出不定根，形成新的植株。

大花马齿苋

(*Portulaca grandiflora*)

　　大花马齿苋,马齿苋科马齿苋属一年生草本植物,俗称太阳花,又名洋马齿苋,松叶牡丹、金丝杜鹃等。

大丽花

(*Dahlia pinnata Cav.*)

大丽花，别名大丽菊、天竺牡丹、地瓜花、大理花、西番莲和洋菊。菊科大丽花属多年生草本。菊花傲霜怒放，而大丽菊却不同，春夏间陆续开花，越夏后再度开花，霜降时凋谢。它的花形与国色天香的牡丹相似，色彩瑰丽多彩，惹人喜爱。

倒挂金钟

(*Fuchsia hybrida Voss.*)

倒挂金钟，柳叶菜科倒挂金钟属植物，又名灯笼花、吊钟海棠，原产墨西哥。喜凉爽湿润环境，怕高温和强光，以肥沃、疏松的微酸性壤土为宜，冬季温度不低于5℃。

滴 水 观 音

(*Alocasia macrorrhiza*)

　　滴水观音，天南星科海芋属植物，又名佛手莲等。原产南美洲，为热带和亚热带常见观赏植物，俗称痕芋头、狼毒（广东）、野芋头、山芋头、大根芋、大虫芋、天芋、天蒙等，作为观赏植物时则称其为滴水观音。

吊兰

(Chlorophytum comosum)

吊兰，百合科吊兰属常绿草本植物。又名钓兰、挂兰、兰草、折鹤兰，欧美国家称蜘蛛草（spider plant），日本称折鹤兰（折鶴蘭），是相当常见的垂挂式观叶植物，原产于南非。

豆 瓣 绿

（ *Peperomia magnolifolia* ）

　　豆瓣绿,胡椒科草胡椒属多年生常绿草本植物。原产于西印度群岛、巴拿马、南美洲北部,后来传入中国,一般作为盆栽装饰用,以其明亮的光泽和自然的绿色受到广泛欢迎。

杜 鹃

(*Rhododendron simsii Planch.*)

　　杜鹃，杜鹃花科杜鹃花属。又名映山红、山石榴。相传，古有杜鹃鸟，日夜哀鸣而咯血，染红遍山的花朵，因而得名。

鹅掌柴

（*Schefflera octophylla*（*Lour.*）*Harms*）

　　鹅掌柴，别名鸭脚木，五加科鹅掌柴属。是热带、亚热带地区常绿阔叶林常见的植物。

发 财 树

(*Pachira macrocarpa Walp*)

发财树，又名马拉巴栗、瓜栗、中美木棉、鹅掌钱，为木棉科爪哇木棉属常绿小乔木。原产拉丁美洲的哥斯达黎加、澳洲及太平洋中的一些小岛屿，我国南部热带地区亦有分布。

矾 根

（ *Heuchera micrantha* ）

　　矾根，又名珊瑚铃，虎耳草科矾根属多年生耐寒草本花卉。浅根性，叶基生，阔心型，长 20~25 cm，深紫色，在温暖地区常绿，花小，钟状，花径 0.6~1.2 cm，红色，两侧对称。

非洲茉莉

(*Fagraea ceilanica*)

非洲茉莉，马钱科灰莉属。原名灰莉，别名鲤鱼胆、灰刺木、箐黄果、小黄果。

粉花绣线菊

（ *Spiraea japonica L. f.* ）

粉花绣线菊，别名蚂蟥梢、火烧尖、日本绣线菊，蔷薇科绣线菊属直立灌木，高可达1.5米。

佛 甲 草

（*Sedum lineare Thunb.*）

佛甲草，又名万年草、佛指甲、半支连等，为景天科景天属多年生草本植物。

扶 桑

（*Hibiscus rosa-sinensis*）

扶桑，锦葵科木槿属。别名佛槿、朱槿、佛桑、大红花、赤槿、日及、木槿、红扶桑、红木槿、桑槿、火红花、照殿红、宋槿、二红花、花上花、土红花、假牡丹等。

福禄考

(*Phlox drummondii*)

福禄考，花葱科天蓝绣球属。植株矮小，花色丰富，可作花坛、花境及岩石园的植株材料，亦可作盆栽供室内装饰。植株较高的品种可作切花。

高砂芙蓉葵

（ *Pavonia hastata* ）

　　高砂芙蓉葵，锦葵科孔雀葵属，是耐旱耐热的夏季开花植物。其叶细长戟形，边缘有锯齿；其花白里带粉，花心暗红色，在夏季少花的绿化带中显得格外显眼靓丽。

观音莲

（ *Herba Monachosori Henryi* ）

　　观音莲，也称长生草、观音座莲、佛座莲，以观叶为主的景天科长生草属多年生肉质植物，植株具莲座状叶盘。

广 东 万 年 青

（*Aglaonema modestum*）

广东万年青，别名粗肋草、亮丝草、粤万年青，又名开喉剑、冬不凋草等，天南星科粗肋草属的多年生常绿草本植物，生长于海拔500 m至1 700 m的地区，多生于密林中。

龟背竹

（*Monstera deliciosa*）

　　龟背竹，又名"蓬莱蕉""电线草"，是天南星科龟背竹属常绿攀援观叶植物，茎干上生有褐色的气根，形如电线，故名"电线草"。叶卵圆形，在羽状的叶脉间呈龟甲形散布许多长圆形的孔洞和深裂，其形状似龟甲图案，茎有节似竹干，故名"龟背竹"。

桂 花

(*Osmanthus fragrans* (*Thunb.*) *Lour.*)

　　桂花，木犀科木犀属常绿灌木或小乔木。别名木犀、岩桂。树皮灰色不裂，单叶对生，叶硬革质，椭圆形至椭圆状披针形。花橙黄色或白色，浓香，簇生叶腋间。花小，合瓣四裂。其变种有金桂、银桂、丹桂、四季桂等。花开仲秋，浓香四溢，是中国传统十大名花之一。

海石竹

（*Armeria maritima*）

　　海石竹，白花丹科海石竹属。原产欧洲、美洲。原本是生长在海边的花。花瓣干燥，小花聚生成密集的球状，群植可形成非常美丽的景观。

含 羞 草

(*Mimosa pudica*)

含羞草，由于其独特的生理习性有着众多的别名昵称，如见笑草、感应草、喝呼草、知羞草、怕丑草、怕羞草和夫妻草等。含羞草原产于美洲热带地区，是豆科含羞草属的一种多年生草本植物。

旱 伞 草

（*Phyllostachys heteroclada Oliver*）

旱伞草，别名实心竹、木竹、黎子竹。
禾本科刚竹属多年生草本植物。

荷兰铁

(*Yucca elephantipes*)

荷兰铁，又称巨丝兰、象脚丝兰、无刺丝兰，为百合科丝兰属观叶植物。

鹤望兰

（ *Strelitzia reginae* ）

鹤望兰，旅人蕉科鹤望兰属。又称天堂鸟或极乐鸟花，是原产南非的一种单子叶植物。花朵在长的茎端长出，肉穗花序硬度像鸟喙，由于垂直于茎，仿佛一个鸟头。

42

黑 麦 冬

(*Ophiopogon japonicus Thunb.*)

黑麦冬，又称黑色沿阶草，别名黑龙、黑龙麦冬。是自然界少有的黑色植物，百合科沿阶草属植物。

红背桂

（ *Excoecariacochin chinensis Lour* ）

红背桂，大戟科海漆属常绿灌木。也称青紫木，叶面绿色，叶背红色。

红背竹芋

（ *Calathea rufibara* ）

　　红背竹芋，竹芋科卧花竹芋属。产于巴西的草本植物，常用分株或扦插繁殖。盆栽宜点缀宾馆厅堂，车站、码头的休息室，以及商店橱窗。

红花檵木

(*Loropetalum chinense var.rubrum*)

红花檵木，又名红继木、红桎木、红桎木、红檵花、红桎花、红桎花、红花继木，为金缕梅科檵木属檵木的变种。

红千层
（ *Callistemon rigidus R. Br.* ）

　　红千层，又称瓶刷子树、红瓶刷、金宝树等，桃金娘科的常绿灌木或小乔木。红千层属阳性树种，喜温暖、湿润气候，能耐烈日酷暑，原产澳大利亚。

红 瑞 木

（*Swida alba Opiz*）

红瑞木，山茱萸科红瑞木属落叶灌木。秋叶鲜红，小果洁白，落叶后枝干红艳如珊瑚，是少有的观茎植物，也是良好的插花切枝材料。

红叶石楠

(*Photinia x fraseri Dress*)

红叶石楠，蔷薇科石楠属杂交种的统称。春秋两季，红叶石楠的新梢和嫩叶火红，色彩艳丽持久，极具生机，因此而得名。

红掌

（*Anthurium andraeanum*）

红掌，又名安祖花、火鹤花等，天南星科花烛属。原产于南美洲的热带雨林地区，现欧洲、亚洲、非洲皆有广泛栽培。

胡颓子

（*Elaeagnus pungens Thunb.*）

胡颓子，胡颓子科胡颓子属。别名蒲颓子、半含春、卢都子、雀儿酥、甜棒子、牛奶子根、石滚子、四枣、半春子、柿模、三月枣、羊奶子。

蝴蝶兰

(*Phalaenopsis aphrodite Rchb. F*)

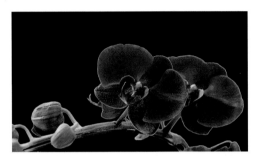

　　蝴蝶兰，兰科蝴蝶兰属，原产于亚热带雨林地区，为附生性兰花。蝴蝶兰白色粗大的气根露在叶片周围，除了具有吸收空气中养分的作用外，还能进行光合作用。

花叶蔓长春

（*Vinca major Linn. cv. Variegata Loud*）

花叶蔓长春，夹竹桃科蔓长春花属蔓长春花的变种。分布于我国江苏等地，矮生，枝条蔓性，匍匐生长，长可达 2 m 以上。

花叶卫矛

（*Euonymusalatus*）

花叶卫矛，卫矛科卫矛属灌木。又名鬼箭、六月凌、四面锋、蓖箕柴、四棱树、山鸡条子、四面戟、见肿消、麻药。

花叶香桃木

(*Myrfus communis* ' *Variegata* ')

　　花叶香桃木，桃金娘科香桃木属常绿灌木。花色洁白，果实黑紫色，叶和果实含桃金娘烯醇，芳香宜人。因此，享有"爱神木"的美称。花叶香桃木原产地中海沿岸，自古在南欧的庭园栽植。

花叶熊掌木

（*Fatshedera lizei*）

花叶熊掌木，五加科熊掌木属。熊掌木是 1912 年法国一位苗圃专家用八角金盘与花叶常春藤杂交而成。

花叶玉蝉花

(*Iris ensata* 'Variegata')

花叶玉蝉花，鸢尾科鸢尾属。叶具白色纵向条纹，宜大面积应用，更宜于家庭园艺、花境应用，也可盆栽观赏。

花叶醉鱼草

(*Buddleja lindleyana Fortune*)

花叶醉鱼草,别名闭鱼花、痒
见消、鱼尾草。马钱科醉鱼草属
灌木。

皇帝菊

(*Melampodium paludosum*)

皇帝菊，菊科蜡菊属。花期从春至秋季，盆栽效果好。花径 2.5 cm 左右，多花繁茂的菊状黄花，组成了绚丽的花冠。

吉 祥 草

（ *Reineckia carnea* （ *Andr.* ） *Kunth* ）

　　吉祥草，又名紫衣草，百合科吉祥草属多年生常绿草本植物。原产墨西哥及中美洲，在中国广大地区也有栽培。

结 香

（ *Edgeworthia chrysantha* ）

结香，瑞香科结香属。结香枝条疏生，粗壮而柔软，棕红色，枝条柔软不易断，可以打结不断，故名结香。

金 鸡 菊

(*Coreopsis basalis*)

金鸡菊，菊科金鸡菊属多年生宿根草本植物。叶片多对生，稀互生、全缘、浅裂或切裂。花单生或疏圆锥花序，总苞两列，每列3枚，基部合生。舌状花1列，宽舌状，呈黄、棕或粉色；管状花呈黄色至褐色。

金 脉 连 翘

(*Forsythia suspensa* 'Goldvein')

　　金脉连翘，又名网叶连翘。木犀科连翘属。

金 钱 树

(*Zamioculcas zamiifolia*)

金钱树，天南星科雪铁芋属。又名美铁芋、金松，原产于非洲热带地区。

金山棕

(*Rhapis multifida Burr.*)

金山棕，棕榈科棕竹属，是棕竹的一个变种，为多裂棕竹。叶片 10~30 裂，圆弧状披针形，四季常绿，性喜温暖湿润和通风良好的环境，生长适温为 20~30℃。宜排水良好、富含腐殖质的砂壤土，稍耐寒，可耐 0℃左右的低温。既可用种子繁殖，也可分株繁殖。

金心吊兰

(*Chlorophytum comosum*)

金心吊兰，百合科吊兰属多年生常绿草本，常见花卉，现被广泛种植。

荆 芥

（ *Nepeta cataria L.* ）

荆介，别名香荆荠，唇形科荆芥属。茎坚强，基部木质化近四棱形，多分枝。

景 天 三 七

(*Sedum aizoon L.*)

景天三七，又名费菜（救荒本草）、土三七（通称）、旱三七、四季还阳、六月淋、收丹皮、石菜兰、九莲花、长生景天。景天科景天属。

君子兰

(*Clivia miniata*)

君子兰，别名剑叶石蒜、大叶石蒜，石蒜科君子兰属观赏花卉。

蓝 莓
(*Semen Trigonellae*)

蓝莓,杜鹃花科越橘属,意为"蓝色的浆果"。

蓝雪花
（ *Ceratostigma plumbaginoides* ）

　　蓝雪花，别称山灰柴、假靛（河南）、角柱花等。白花丹科蓝雪花属多年生直立草本植物。

蓝叶忍冬

（ *Lonicera korolkowii Stapf* ）

蓝叶忍冬，忍冬科忍冬属。花美叶秀，常植于庭院、小区做观赏。

狼尾蕨

(*Davallia mariesii*)

狼尾蕨，又名龙爪蕨、兔脚蕨，骨碎补科骨碎补属植物。根茎裸露在外，肉质，长约6~12 cm，表面贴伏着褐色鳞片与毛，如同兔脚，花农因此称它为兔脚蕨或狼尾蕨。

冷 水 花

(*Pilea notata C. H. Wright*)

冷水花，又称透明草、花叶荨麻、白雪覃，铝叶草，荨麻科冷水花属多年生常绿草本观叶植物。

罗 汉 松

（*Podocarpus macrophyllus*）

罗汉松，别名土杉，罗汉松科罗汉松属常绿针叶乔木。

螺旋铁

(*Dracaena deremensis* 'Compacta')

　　螺旋铁，别名螺纹铁、柳纹铁、菲律宾铁树、卷叶铁、扭纹铁。百合科香龙血树属，白边铁树的栽培变种之一。

络 石

(*Trachelospermum jasminoides* (*Lindl.*) *Lem*)

　　络石，夹竹桃科络石属。别称石龙藤、耐冬、白花藤、络石藤、软筋藤、扒墙虎、石鲮、悬石、云花、云英、云丹、云珠等。

落地生根

（ *Bryophyllum pinnatum* （ *L. f.* ） *Oken, Allg.* ）

　　落地生根，景天科伽蓝菜属。又名花蝴蝶、倒吊莲、土三七、叶生根、番鬼牡丹、叶爆芽、天灯笼、枪刀草、厚面皮、著生药、伤药、打不死、晒不死、古仔灯、新娘灯、大疔黄、大还魂。

绿 萝

（*Epipremnum aureum*）

　　绿萝，天南星科绿萝属大型常绿藤本植物。生长于热带地区，常攀援生长在雨林的岩石和树干上，其缠绕性强，气根发达，可以水培种植。

马齿苋

（*Portulaca oleracea L.*）

马齿苋，马齿苋科马齿苋属一年生草本植物。肥厚多汁，无毛，高10~30 cm，生于田野路边及庭园废墟等向阳处。

麦 冬

(*Ophiopogon japonicus* (*L.f.*) *Ker–Gawl.*)

　　麦冬，又名沿阶草、书带草、麦门冬、寸冬，百合科沿阶草属多年生常绿草本植物。须根较粗壮，根的顶端或中部常膨大成为纺锤状肉质小块，以块根入药。

毛萼口红花

（*Aeschynanthus radicans*）

　　毛萼口红花，苦苣苔科芒毛苣苔属，多年生藤本植物。植株蔓生，枝条下垂，茎绿色，喜明亮的散射光环境。生长适温 21~26 ℃，要求排水良好、略带酸性的土壤。

美 人 蕉

(*Canna indica*)

　　美人蕉，美人蕉科美人蕉属。又名红艳蕉、昙华、兰蕉、矮美人。原产于美洲热带和非洲等地。

茉 莉

（ *Jasminum sambac* （ *Linn.* ） *Aiton* ）

　　茉莉，木犀科素馨属常绿灌木或藤本植物的统称，直立或攀援灌木。小枝被疏柔毛。

牡 丹

（ *Paeonia suffruticosa Andr.* ）

　　牡丹，芍药科芍药属，是我国特有的木本名贵花卉，素有"国色天香""花中之王"的美称，长期以来被人们当做富贵吉祥、繁荣兴旺的象征。

牡 丹 吊 兰

（ *Mesembryanthemum cordifolium L. f.* ）

　　牡丹吊兰，番杏科日中花属植物。别名露草、花蔓草、心叶冰花、露花、太阳玫瑰、羊角吊兰、樱花吊兰、口红吊兰、苦胆草。

南 京 椴

(*Tilia miqueliana Maxim.*)

南京椴，又叫密克椴、白椴。椴树科椴树属。

南洋杉

(*Araucaria cunninghamii*)

　　南洋杉，南洋杉科南洋杉属。又称肯氏南洋杉、花旗杉。寿命可长达 450 年，主要分布在澳大利亚和新几内亚。

鸟巢蕨

(*Asplenium nidus*)

　　鸟巢蕨，铁角蕨科巢蕨属。又称巢蕨、山苏花、王冠蕨，为多年生阴生草本观叶植物。这种植物叶子向外簇拥生长，中间形成一个空"漏斗"，外观看上去很像"鸟巢"，因此取名鸟巢蕨。

欧紫珠

(*Callicarpa bodinieri*)

欧紫珠，马鞭草科紫珠属。

碰碰香

(*Plectranthus tomentosa*)

碰碰香，唇形科香茶菜属多年生草本植物。因触碰后可散发出令人舒适的香气而享有"碰碰香"的美称。又因其香味浓甜，颇似苹果香味，故又享有"苹果香"美誉。闻之令人神清气爽，市场受宠。

飘香藤

(*Dipladenia sanderi*)

飘香藤，是一种新型藤本植物，又称红皱藤、双腺藤、双喜藤、文藤、红蝉花。原产美洲热带，夹竹桃科双腺藤属多年生常绿植物。

山茶

(*Camellia japonica*)

山茶，山茶科山茶属常绿乔木或灌木，叶互生，卵形至椭圆形，边缘有锯齿，革质，有光泽。花单生于叶腋或枝顶，花期9月到次年4月，个别品种有香味。

肾 蕨

（ *Nephrolepis auriculata* （ *L.* ） *Trimen* ）

肾蕨，肾蕨科肾蕨属附生或土生植物。

溲 疏

（ *Deutzia scabra Thunb* ）

　　溲疏，虎耳草科溲疏属落叶灌木。树皮薄片状剥落，小枝中空，红褐色，幼时有星状柔毛。圆锥花序、伞房花序、聚伞花序或总状花序，长5~12 cm，花瓣5枚，白色或外面略带红晕。

苏 铁

（ *Cycas revoluta Thunb.* ）

苏铁，俗称"铁树"，又名凤尾蕉、避火蕉、凤尾松，苏铁科苏铁属。

穗 花 牡 荆
(*Vitex agnus-castus*)

穗花牡荆，马鞭草科牡荆属下的一个种，芳香灌木。

苔草

（*Carex tristachya*）

苔草，莎草科苔草属，多年生草本植物。

天门冬

(*Hippeastrum rutilum*)

　　天门冬，别名三百棒、武竹、丝冬、老虎尾巴根、天冬草、明天冬。天门冬根部纺锤状，叶状枝一般每3枚成簇，淡绿色腋生花朵，浆果熟时红色。百合科天门冬属多年生草本植物。

天竺葵

（*Pelargonium hortorum*）

　　天竺葵，别名洋绣球、石腊红、洋葵，牻牛儿苗科天竺葵属亚灌木或灌木植物。多年生肉质，原产非洲南部。

甜叶菊

（*Stevia rebaudiana*（*Bertoni*）*Hemsl*）

甜叶菊，菊科菊属。八十年代初引进种植，是新型糖源植物。叶含菊糖苷 6%~12%，精品为白色粉末状，是一种低热量、高甜度的天然甜味剂，是食品及药品工业的原料之一。

铁 筷 子

（ *Helleborus thibetanus Franch.* ）

铁筷子，毛茛科铁筷子属。别名黑毛七、九百棒、九龙丹、黑儿波、见春花、九朵云、九莲灯。

铁 皮 石 斛

（ *Dendrobium officinale Kimura et Migo* ）

铁皮石斛，又名黑节草、云南铁皮。属微子目兰科多年生附生草本植物。

铁 线 蕨

(*Adiantum capillus-veneris*)

铁线蕨，铁线蕨科铁线蕨属。别名铁丝草、少女的发丝、铁线草、水猪毛土、过坛龙、黑脚蕨、乌脚枪、黑骨芒萁。

万 年 青

(Rohdea Roth)

万年青，百合科万年青属多年生常绿草本植物。该属仅 1 种，分布于中国和日本。

万寿菊

(*Tagetes erecta L.*)

万寿菊，又名臭芙蓉，菊科万寿菊属一年生草本。茎直立，粗壮，具纵细条棱，分枝向上平展。

文 竹

（*Asparagussetaceus*）

文竹，又称云片松、刺天冬、云竹，百合科天门冬属多年生常绿藤本观叶植物。

吴 风 草

（*Farfugium japonicum*（*Linn. f.*）*Kitam*）

吴风草，菊科大吴风草属。喜半阴和湿润环境，耐寒，怕阳光直射。

五 色 椒

(*Capsicum frutescens*)

　　五色椒，又名朝天椒、五彩辣椒，为辣椒变种，味涩。茄科辣椒属多年生半木质性植物，常作一年生栽培。

五色梅

（*Lantana camara*）

五色梅，马鞭草科马樱丹属。别名马缨丹、山大丹、大红绣球、珊瑚球、臭金凤、如意花、昏花、七变花、如意草、土红花、臭牡丹、杀虫花、毛神花、臭冷风等。

狭叶水塔花

(Billbergia nutans H.Wendl)

　　狭叶水塔花，凤梨科水塔花属多年生宿根草本植物。又名垂花凤梨、垂花水塔花、垂花比尔见亚、俯垂水塔花，为凤梨科水塔花属下的一个变种。

夏堇

(Torenia fournieri)

　　夏堇，玄参科蓝猪耳属植物，喜光，能耐荫，不耐寒，能自播，喜土壤排水良好。具有清热解毒功效。

夏 腊 梅

（*Sinocalycanthus chinensis*）

夏腊梅，腊梅科夏腊梅属。又被称为牡丹木、黄枇杷等。

夏威夷椰子

(*Pritchardia gaudichaudii*)

夏威夷椰子，又名竹茎椰子，棕榈科茶马椰子属丛生灌木，不仅株姿优美，且易开花结籽，原产于墨西哥、危地马拉等地，主要分布于中南美洲热带地区。

仙 客 来

（ *Cyclamen persicum Mill.* ）

仙客来，别名萝卜海棠、兔耳花、兔子花、一品冠、篝火花、翻瓣莲，报春花科仙客来属多年生草本植物。

橡 皮 树

（ *Ficus elastica Roxb. ex Hornem.* ）

橡皮树，大戟科榕属。别名橡胶树、巴西橡胶。

小花矮牵牛

（*Calibrachoa*）

小花矮牵牛，茄科多年生草本植物。常作一、二年生栽培。

小叶女贞

（*LigustrumquihouiCarr*）

　　小叶女贞，木犀科女贞属小灌木。叶薄革质；花白色，香，无梗；花冠筒和花冠裂片等长；花药超出花冠裂片。核果宽椭圆形，黑色。生长环境为沟边、路旁、河边灌丛中、山坡上等。

幸 福 树

(*Radermachera sinica*)

幸福树，紫葳科菜豆树属，也叫菜豆树。

袖珍椰子

（*Chamaedorea elegans*）

袖珍椰子，棕榈科袖珍椰子属。又名矮生椰子、袖珍棕、袖珍葵、矮棕。

薰衣草

（ *Lavandula angustifolia Mill.* ）

薰衣草，又名香水植物、灵香草、香草、黄香草、拉文德。属唇形科薰衣草属，一种小灌木。

野牡丹

（ *Melastoma candidum D. Don* ）

野牡丹，野牡丹科野牡丹属。别名山石榴、大金香炉、猪古稔、豹牙兰。

一串蓝

（ *Salvia farinacea Benth* ）

一串蓝，别名修容绯衣草、蓝花鼠尾草、粉萼鼠尾草，唇形科鼠尾草属植物。

一叶兰

(*Aspidistra Elatior Blume*)

一叶兰，百合科蜘蛛抱蛋属。别名大叶万年青、竹叶盘、九龙盘、竹节伸筋等。

银姬小蜡

(*Ligustrum sinense* 'Variegatum')

　　银姬小蜡,木犀科女贞属常绿灌木或小乔木,株高可达 2~3 m。枝条斜向生长,叶对生,倒卵圆形、革质,嫩叶绿,边缘粉红,成熟叶边缘由粉红逐渐转银白,老叶少数会全部转绿。

樱 花

（ *Prunus serrulata* ）

樱花，蔷薇科樱属，和樱桃同属蔷薇科，但是不同属，樱桃属于李属。

鹰爪豆

（ *Spartium junceum* ）

鹰爪豆，豆科鹰爪豆属常绿灌木，高 1~3 m; 树冠密集成丛，呈圆球形。

迎夏

（ *Jasminum floridum* ）

迎夏，木犀科素馨属植物，又称为探春花。春末夏初，花满梢头，为中国的特有植物。

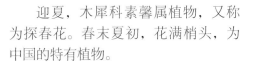

柚子树

（*Citrus maxima*）

　　柚子树，又名"文旦、栾、抛"。芸香科柑橘属常绿乔木。叶大而厚；叶翼大，呈心脏形。

玉树景天

（ *Crassula arborescens* ）

　　玉树景天，景天科青锁龙属多年生常绿肉质灌木。又名景天树、玻璃树、八宝、看青、冬青、肉质万年青、胖娃娃。原产南非南部。

玉 簪

(*Hosta plantaginea Aschers*)

玉簪，又名白萼、白鹤仙。百合科玉簪属多年生宿根草本花卉。顶生总状花序，着花 9~15 朵。花白色，筒状漏斗形，有芳香，花期 7—9 月。因其花苞质地娇莹如玉，状似头簪而得名。碧叶莹润，清秀挺拔，花色如玉、幽香四溢，是中国著名的传统香花，深受人们的喜爱。

鸢 尾

（ *Iris tectorum Maxim.* ）

鸢尾，又名蓝蝴蝶、紫蝴蝶、扁竹花、蛤蟆七。鸢尾科鸢尾属植物。

鸳鸯茉莉

(*Brunfelsia latifolia Benth.*)

鸳鸯茉莉，茄科鸳鸯茉莉属。在同株上能同时见到蓝紫色和白色的花，故又叫双色茉莉。

月 季

(*Rosa chinensis Jacq.*)

月季，蔷薇科蔷薇属常绿或半常绿低矮灌木，被称为"花中皇后"。茎有刺，奇数羽状复叶，四季开花可供观赏。

针 葵

(*Phoenix roebelenii*)

　　针葵，棕榈科刺葵属。别名江边针葵、美丽针葵、美丽珍葵、罗比亲王椰子、罗比亲王海枣。

栀子花

（*Gardenia jasminoides*）

　　栀子花，又名栀子、黄栀子，茜草科栀子属常绿灌木。原产中国。小枝绿色，叶对生，革质呈长椭圆形，有光泽。花腋生，有短梗，肉质。果实卵状至长椭圆状，有5~9条翅状直棱，1室；种子很多，嵌生于肉质胎座上。5—7月开花，花、叶、果皆美，花芳香四溢。

朱顶红

(*Hippeastrum rutilum*)

朱顶红，又名红花莲、华胄兰、线缟华胄、百枝莲、柱顶红、朱顶兰、孤挺花、华胄兰、百子莲、百枝莲、对红、对对红等。石蒜科朱顶红属多年生草本。

竹节秋海棠

（*Begonia maculataRaddi*）

　　竹节海棠，秋海棠科秋海棠属的多年生草本植物。直立或被散亚灌木，平滑无毛，具分枝，叶肉质厚，斜长圆形至长圆状卵形，顶端尖，边缘浅波状，叶柄肥厚紫红色，圆柱形，花聚散花序淡红色或白色，无香味；子房大而有翅。花期夏秋。

紫茉莉

(*Mirabilis jalapa L.*)

紫茉莉，紫茉莉科紫茉莉属草本植物，高可达 1 m。

紫 藤

（*Wisteriasinensis*（*Sims*）*Sweet*）

　　紫藤，豆科紫藤属落叶攀援缠绕性大藤本植物。干皮深灰色，不裂；花紫色或深紫色，十分美丽。

紫 薇

(Lagerstroemia indica L.)

　　紫薇，千屈菜科紫薇属。别名痒痒树、百日红、满堂红、入惊儿树。

棕 竹

(*Rhapis excelsa*（*Thunb.*）*Henry ex Rehd*)

棕竹，棕榈科棕竹属。又称观音竹、筋头竹、棕榈竹、矮棕竹。